Abel Hernández-Muñoz

Expedición a la vida silvestre de Panamá

Abel Hernández-Muñoz

Expedición a la vida silvestre de Panamá

Descubriendo el amor por los colores de la naturaleza en la selva del Darién

Editorial Académica Española

Imprint
Any brand names and product names mentioned in this book are subject to trademark, brand or patent protection and are trademarks or registered trademarks of their respective holders. The use of brand names, product names, common names, trade names, product descriptions etc. even without a particular marking in this work is in no way to be construed to mean that such names may be regarded as unrestricted in respect of trademark and brand protection legislation and could thus be used by anyone.

Cover image: www.ingimage.com

Publisher:
Editorial Académica Española
is a trademark of
Dodo Books Indian Ocean Ltd. and OmniScriptum S.R.L publishing group

120 High Road, East Finchley, London, N2 9ED, United Kingdom
Str. Armeneasca 28/1, office 1, Chisinau MD-2012, Republic of Moldova, Europe
Printed at: see last page
ISBN: 978-613-9-43325-4

Copyright © Abel Hernández-Muñoz
Copyright © 2024 Dodo Books Indian Ocean Ltd. and OmniScriptum S.R.L publishing group

EXPEDICIÓN A LA VIDA SILVESTRE DE PANAMÁ

PARQUE NACIONAL DE DARIÉN, EL AMOR A LOS COLORES DE LA NATURALEZA

MSc. Abel Hernández Muñoz

ANTECEDENTES DEL ESCENARIO DE LA EXPEDICIÓN

Panamá es una república ubicada en Centroamérica, limita al norte con Costa Rica, al Sur con Colombia; al Este tiene costas al mar Caribe y al Oeste lo bañan las aguas del océano Pacífico. Es el cuarto país más extenso de América Central (con 75 517 km² de extensión territorial), sin embargo es uno de los menos poblados (unos 3 000 000 de habitantes). Su capital es la Ciudad Panamá.

Centroamérica			
País	**Población (habitantes)**	**Superficie (Km²)**	**Capital**
Belice	266.500	22.965	Belmopan
Guatemala	14.000.000	108.889	Guatemala
El Salvador	6.500.000	21.041	San Salvador
Honduras	6.700.000	112.492	Tegucigalpa
Nicaragua	5.200.000	129.494	Managua
Costa Rica	3.900.000	51.060	San José
Panamá	3.000.000	75.517	Panamá

UN PAISAJE TROPICAL

Las costas de Centroamérica están bañadas por el **mar Caribe** al este y por el **océano Pacífico** al oeste. El **canal de Panamá** comunica ambas masas de agua: es navegable y ¡ahorra unos 13.000 kilómetros a los barcos que transitan desde un océano al otro! Este canal tiene 84 km de largo y unos 13 m de profundidad; en algunas zonas alcanza más de 90 m de ancho.

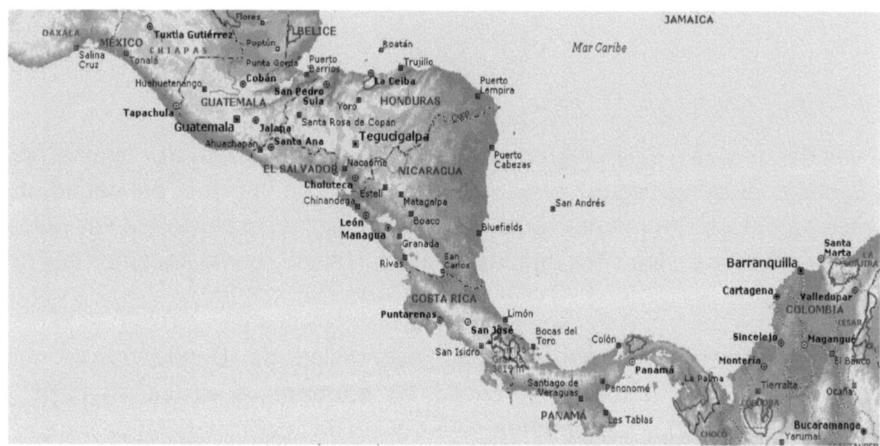

El relieve de Centroamérica es muy accidentado, con **numerosas montañas** esparcidas por todo el territorio, sobre todo, en Guatemala, Honduras y Costa Rica. Hay ¡más de 100 **volcanes**!, muchos de ellos activos. El volcán **Tajumulco** (Guatemala) tiene 4.220 m. Las **erupciones volcánicas** y los **terremotos** son frecuentes porque la región se encuentra en el borde de una placa tectónica. Como las montañas están más próximas al océano Pacífico, los **ríos** que desembocan en el mar Caribe son más largos que los de la vertiente del Pacífico. Aunque estos son más caudalosos.

El **clima** de Centroamérica varía más en relación con la altitud que con la latitud por estar situada entre el trópico de Cáncer y el ecuador: es cálido donde la altitud es escasa, templado en terrenos situados a una altitud intermedia (900 y 1.800 m), y frío en las montañas. Las precipitaciones son más abundantes en la vertiente caribeña, sobre todo, en la **costa de los Mosquitos**. Como Centroamérica está situada en una zona tropical, son frecuentes los **huracanes,** que asolan regiones completas con vientos que soplan a más de 200 km/h.

La **carretera Panamericana** es la principal vía de transporte por tierra: cruza toda la región, y en su recorrido forma muchas curvas, subidas, bajadas… ¡Vaya mareo con tanta montaña!

Vivas donde vivas, casi seguro que has comido **chocolate** alguna vez. ¿Sabes cuál es su origen? El chocolate procede de la planta del **cacao,** que crece en países centroamericanos. Hace unos siglos, el cacao era tan valioso que se utilizaba en los intercambios comerciales, tal y como hacemos hoy con el dinero.

La agricultura es la principal actividad económica de Centroamérica. Los cultivos más importantes son el cacao, las **bananas,** el **azúcar de caña**, el **café**, el **caucho** y los **cacahuetes.**

Como hay grandes extensiones de bosques en Centroamérica, el aprovechamiento de la **madera** también es importante para la economía de la región. Las principales industrias se dedican a transformar los productos que se obtienen del campo.

Y, desde hace algunos años, el **turismo** es también una importante fuente de ingresos en algunas zonas, como Costa Rica y el litoral del mar Caribe. Entre sus tesoros destacan las **pirámides precolombinas** levantadas por los mayas y los **paraísos naturales:** selvas, playas inmensas de arena, manglares costeros... donde habita una rica fauna tropical: monos, tucanes, serpientes, quetzales, jaguares, tortugas verdes... ¡Muchos lugares son como un gran parque zoológico!

UN POCO DE HISTORIA

La **civilización maya** fue la más importante de Centroamérica antes de que los minerales (oro y plata) atrajeran a los colonizadores españoles.

La historia de la región, como la de toda América, cambió bruscamente con la llegada de **Cristóbal Colón** (1502). Muchos indígenas murieron como consecuencia de las luchas contra los colonizadores españoles y de las enfermedades que estos trajeron consigo. A cambio, se introdujeron nuevos artilugios, como la rueda, fundamental para el transporte por tierra (¿te imaginas un coche sin ruedas?), y se abrieron nuevas rutas comerciales.

Un poblado cuna

Observa un pequeño poblado cuna (kuna), situado en uno de los pequeños islotes que constituyen el archipiélago de San Blas, en el norte de Panamá (Centroamérica).

En 1513, **Vasco Núñez de Balboa** atravesó el istmo de Panamá y descubrió el océano Pacífico, cuya existencia era desconocida para los europeos hasta entonces...

Tras la llegada de los españoles, se crearon **dos virreinatos:** el de **Nueva España,** que ocupaba el territorio al norte de Costa Rica (hasta México), y el de **Nueva Granada,** que abarcaba lo que hoy es Panamá y también territorios de Sudamérica.

En 1823, cuando los **criollos** (descendientes de españoles nacidos en territorio americano) decidieron separarse del gobierno español, se formaron las **Provincias Unidas del Centro de América.**

Pocos años después, en 1840, y tras varios conflictos, llegó la **independencia** de Guatemala, Honduras, El Salvador, Nicaragua y Costa Rica. En 1862 Belice se convirtió en colonia británica, y obtuvo su independencia en 1981. Panamá se independizó de Colombia en 1903.

La ciudad de Panamá

¿Has oído alguna vez el sobrenombre con el que se conocía a esta ciudad situada en la costa sur del istmo de Panamá? 'La reina del Pacífico'... Hoy la puedes encontrar anunciada así: 'tres ciudades en una'. Sigue leyendo para averiguar por qué…

UNA PUERTA ENTRE DOS OCÉANOS: ATLÁNTICO Y PACÍFICO

Ciudad de Panamá, capital de Panamá, se localiza en **Centroamérica,** bañada por las aguas del **océano Pacífico.** Su posición estratégica, junto a la salida sur del canal **de Panamá,** le proporciona un carácter naviero y comercial de importancia internacional. Su población ronda el medio millón de habitantes, aunque sobrepasa el millón si se tiene en cuenta la aglomeración urbana que forma con otras ciudades próximas, entre las que destaca **San Miguelito.**

La influencia española es evidente en los patios y coloridos balcones de estas casas del distrito de San Felipe, en la ciudad de Panamá. Este vecindario colonial, también denominado Casco Viejo, ocupa una pequeña península que penetra en el golfo de Panamá y contrasta con los rascacielos y las bulliciosas calles de los barrios más modernos de la ciudad.

El primer asentamiento, fundado en 1519 por el español **Pedro Arias Dávila** y conocido hoy como **Panamá la Vieja,** fue destruido en 1671 por el **corsario Henry Morgan.** En 1673, a unos ocho kilómetros, se volvió a fundar una **ciudad colonial** (conocida hoy como **'Casco Viejo'**). Se convirtió en la capital del país en **1903,** cuando Panamá se independizó de Colombia, y creció notablemente después de que el canal fuera inaugurado en **1914,** permitiendo así el paso del **océano Atlántico** al **Pacífico** (¿sabías que en la época de los conquistadores españoles este océano era conocido como **mar del Sur**?). Hoy, la ciudad de Panamá es también una **metrópoli moderna con rascacielos,** además de un importante centro financiero a escala mundial.

Panamá la Vieja y el distrito histórico de la ciudad fueron declarados Patrimonio de la Humanidad por la UNESCO. Podemos destacar numerosos lugares de interés; entre otros: la **catedral de Nuestra Señora de la Ascensión** (patrona de la ciudad), el **Arco Chato** (ruina del coro de un desaparecido convento de dominicos) y el **palacio de las Garzas** (del siglo XVII, pero reconstruido después), residencia presidencial, que recibe su nombre por las majestuosas y blancas garzas que deambulan en torno a la fuente del antiguo **patio morisco.**

Esta ciudad fue **Capital Americana de la Cultura** en 2003. ¿Sabías que, para disfrutar de unas vistas espectaculares de la ciudad y del canal de Panamá en el horizonte, puedes acercarte al **Causeway de Amador** (una carretera elevada que une varias islas artificiales levantadas con las rocas excavadas del canal)?

La capital panameña se extiende varios kilómetros a lo largo de la bahía de Panamá. La autopista Panamericana la conecta con otras regiones del continente.

¿Cuál es el origen de la palabra 'Panamá'? Unos dicen que hace referencia a un **árbol** muy común en esta región; otros lo atribuyen a que la ciudad fue fundada en agosto, mes en el que hay muchísimas **mariposas,** y que *panamá* significa en lengua indígena 'abundancia de mariposas'; hay quien defiende que era la palabra que se utilizaba para designar la acumulación de **peces,** tan habitual en la bahía panameña; y los grandes jefes de la **tribu cuna** aseguran que deriva de *pannaba*, palabra que en su lengua quiere decir 'muy lejos'.

La capital de Panamá

Esta ciudad es un activo centro de comercio y transporte, además de albergar la mayor parte de los edificios gubernamentales. Se localiza en la parte central del país, donde contactan el océano Pacífico y el canal de Panamá.

VIAJE A CIUDAD DE PANAMÁ

Por fin llegué a la Ciudad de Panamá, en septiembre de 2015. Se había realizado uno de mis más grandes sueños de infancia. Siempre me había emocionado pensar la selva y la fascinante flora y fauna que en ella vive. ¡Y ahí estaba! La mismísima jungla del Darién!

Para muchas personas, el que llegara a alcanzar estas metas hubiera parecido imposible. Permítanme contarles cómo llegué a la floresta de la Parque Nacional del Darién y cómo la casualidad me concedió este gran sueño.

Desde ese año memorable enfoqué mi atención en esta dirección. Como mencioné al principio desde niño había estado muy interesado en la selva. El deseo era más grande que nunca, especialmente cuando me enteré de que en este país, existían verdaderas selvas.

Por suerte nos llegó la invitación de la Asociación de Escritores de Panamá, quienes financiarían nuestra estancia con vistas a que escribiéramos un libro sobre la Parque Nacional del Darién.

Salimos rumbo a La Habana, arribando a la Terminal de Ómnibus Nacionales a las 12:45 pm, una vez allí fuimos para la sede de la UNEAC, en 17 y H, donde nos hospedamos para pasar la noche.

Al día siguiente nos levantamos a las 4:00 am, hora en que después de asearnos y vestirnos, abordamos un taxi en dirección a Terminal Tres del

Aeropuerto Internacional ¨José Martí¨, siendo las 8:30 am abordaríamos el Boing-747 de Constelation Group de la aerolínea Copa Airlines, con destino a Ciudad Panamá.

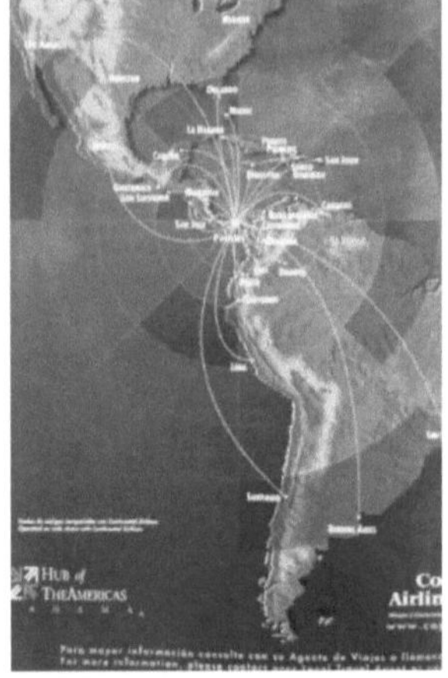

Y en el avión, me senté en el asiento que da a la ventanilla, desde donde pude observar con lujo de detalles los pormenores del despegue de la aeronave. El gran pájaro metálico taxeó con pereza hacia la punta de la pista de despegue y, una vez allí comenzó a ganar velocidad progresivamente. Mediante la pantalla de video ubicada en el espaldar del asiento delantero y por el audio central, la tripulación nos informaba de las características del aparato, nos invitaba a ajustarnos los cinturones de seguridad y daba a conocer lo que debíamos hacer en caso de accidente aéreo.

La gran ave de metal, cada vez alcanzaba más velocidad, el paisaje suburbano de los alrededores de la terminal aérea pasaba ante mis ojos de forma vertiginosa, hasta que de pronto el avión dio un salto y quedó suspendido en el aire de la capital de todos los cubanos. Segundos después divisábamos los cultivos agrícolas, las edificaciones y los medios de transporte habaneros, que desde aquella altura semejaban juguetes. Después fue el azul Caribe quien impuso su color a la ya diversa paleta de colores. Este impresionó mucho mis sentidos, la infinidad acuosa del mar y la gaseosa del cielo, extendiéndose hacia nuestro destino sur.

A continuación, las embarcaciones parecían barquitos de papel y, el torrente interminable de nubes por debajo de las alas de nuestra aeronave. Las masas nubosas se nos antojaban figuras de animales y objetos de formas disímiles.

Pasaron las horas y ya estábamos sobrevolando el golfo del Darién, que de manera tan magistral había descrito Emilio Salgari en su obra ¨El Corsario Negro¨. Instantes después la mole imponente de los escasos edificios altos de Ciudad de Panamá, el célebre canal interoceánico visto a vuelo de pájaro. Más tarde la maniobra opuesta al despegue. El Jumbo dobló con elegancia hacia la derecha y hacia abajo, buscando la pista de aterrizaje y, una vez sobre ella, desplegó los alerones y se dejó caer pesadamente en el asfalto, con todo su peso sobre el tren de aterrizaje. Más tarde buscó la manga de la puerta correspondiente de la terminal aérea, por donde debíamos descender y allí se detuvo sus motores.

Como les había contado, sobrevolando el espacio aéreo de Panamá, me percato de la presencia de la terminal aérea de Tocumen, con la cinta gris de su pista. Minutos después aterrizamos en este país mágico, donde los colores de la naturaleza son más acentuados. De nuevo la gran pista, la panza de la nave que parece va a dar de canto contra el pavimento, mientras los alerones se despliegan y sale como muñeco de sorpresa: el tren de aterrizaje.

El recorrido, primero vertiginoso, del aparato y, después lento, hasta que se coloca taxeando en la manga correspondiente.

Este es Tocumen, descomunal y moderno, a 15 minutos del centro de la Ciudad Panamá. Cuenta con una pista de aterrizaje de más de 2 000 metros de largo por 46 metros de ancho (categoría 7) y un área de estacionamiento de aeronaves. Su construcción se inició en 1939. Este aeropuerto internacional se conecta con la Carretera Panamericana. Recibe vuelos de muchas aerolíneas del mundo, pero su línea aérea estrella es Copa Aerlines, S. A. del grupo Galaxi.   .

En el Aeropuerto Tocumen Internacional hay dos taxiways de alta velocidad y tres conector taxiways (la F de Código de OACI para el nuevo avión grande). Tecnológicamente el aeropuerto tiene 82 posiciones de venta de boletos, según el estado del arte, que funcionan bajo el sistema C.U.T.E. de fibra óptica del SITA, que excede las normas recomendadas de OACI Y IATA. También tiene un Sistema de Demostración de Información de Vuelo, que sirve a todos los usuarios de aeropuerto y un Sistema de Demostración de Información de Equipaje.

La terminal de pasajeros tiene aire acondicionado y es un edificio libre de humo de tabaco. Está equipado para manejar un tráfico de pasajeros, en horas pico, de 2 500 pasajeros, con tratamiento por un sistema de inmigración totalmente automatizado y fácil de usar, que reduce al mínimo las colas largas y la molestia de pasajeros. Esta conveniencia también es encontrada en el pasillo de la aduana, que tiene carros de carga para equipaje grande.

TOCUMEN PANAMA

Bienvenidos a Panamá
Welcome to Panama
Inmigración
Inmigración

CIUDAD DE PANAMÁ

La Ciudad de Panamá es el centro político, administrativo y cultural del país y un icono de la moda, la gastronomía, el comercio y la cultura. Una hermosa ciudad que combina de manera contrastante los edificios más altos y modernos de América Central y el Caribe, un casco antiguo declarado Patrimonio de la Humanidad por la UNESCO, barrios residenciales al estilo americano en lo que fue la Zona del Canal, y un exuberante bosque húmedo tropical que envuelve todo el conjunto.

Panamá es reconocida ante el mundo por contar con una posición geográfica privilegiada siendo esto un factor importante para los diversos sectores que han sabido potencializar convirtiéndolo en facilidades como lo es el HUB de Las Américas que permite el desarrollo a la conectividad y una gran demanda turística.

La capital fue elegida en 2003 como la Capital Internacional de la Cultura, cuenta con 5 centros comerciales tipo multinivel y más de 100 hoteles y restaurantes, haciendo al poblado un gran lugar de concentración turística.

Actividades y Atracciones
Catedral Metropolitana

En gran parte de la ciudad aún se conserva el estilo colonial y una de las mayores muestras de ello es la Catedral Metropolitana. Fue construida entre 1688 y 1796, ya que el proceso fue por etapas.

Es un edificio amplio, de alto techo en dos aguas. Posee dos torres de más de 30 metros de altura revocadas, con incrustaciones de madreperla que se consideraron las más altas de América Latina por mucho tiempo, albergan las campanas. Las paredes son de piedra, la fachada está tallada en estilo jesuítico.

Panamá Viejo

Panamá la Vieja o Panamá Viejo es el nombre que recibe el sitio arqueológico donde estuvo ubicada la ciudad de Panamá desde su fundación en 1519, hasta 1671. La ciudad fue trasladada a una nueva ubicación, unos 2 km al suroeste, al quedar destruida tras un ataque del pirata inglés Henry Morgan, a comienzos de la década de 1670. De la ciudad original, considerada como el primer asentamiento europeo en la costa pacífica de América, quedan hoy varias ruinas que conforman este sitio arqueológico.

Museo de Panamá Viejo

En este museo podrás aprender más sobre la historia de este país, su objetivo principal es conservar objetos, papeles y piezas arqueológicas que forman parte del rompecabezas que cuenta la historia de esta nación.
Datos útiles:
- Horario: Martes a domingo de 8:30 a 16:30hs

Torre de la Catedral

La Catedral es el monumento más importante de Panamá Viejo y su torre campanario es el elemento de mayor presencia urbana dentro del sitio arqueológico. Elaborada con mampostería y madera, su planta con disposición en cruz latina todavía es legible ya que gran parte de sus muros conservan una altura considerable. La excelente construcción de la Catedral y en especial su Torre reflejan el rigor y el cuidado que los albañiles coloniales prestaron a esta obra.

Iglesia San José y el Altar de Oro
La Iglesia San José alberga uno de los grandes tesoros de este país, el Altar de Oro que se encuentra en la Iglesia consagrada al santo en el Casco Antiguo de la ciudad capital.

Fue construida entre los años 1671 y 1677, esta estructura colonial es un derroche de detalles barrocos con fuerte influencias indígenas o arte colonial. Sobre el Altar de Oro hay un tragaluz que permite que la claridad del día lo ilumine. El Altar es de madera de caoba recubierta con pan de oro, de estilo barroco que data del siglo XVIII. La iglesia como tal es una joya histórica, tiene 3 naves, en la nave izquierda hay 4 vitrales confeccionados en Florencia, Italia y que fueron colocados en representación a Santa Rita de Casia, San Agustín, la Virgen de la Consolación y San José.

Museo de la Biodiversidad o Biomuseo
Es un museo de historia natural emplazado en el edificio conocido como *Puente de Vida*, diseñado por el arquitecto canadiense Frank Gehry, para contar la historia de cómo el istmo de Panamá surgió del mar, uniendo dos

continentes, separando un gran océano en dos y cambiando la biodiversidad del planeta para siempre.

El museo, de 4000 metros cuadrados, contiene ocho galerías de exhibición permanente diseñadas por Bruce Mau Design. Además de los espacios principales, el museo incluye un atrio público, un espacio para exhibiciones temporales, una tienda, una cafetería y múltiples exhibiciones exteriores dispuestas en un parque botánico.
El Biomuseo está ubicado en la Calzada de Amador, un área prominente a la entrada del Canal de Panamá en el océano Pacífico. Desde el Biomuseo se puede observar con claridad el perfil de la ciudad moderna, el Casco Antiguo, el Cerro Ancón y el Puente de las Américas.

Datos útiles:
- Entrada:
☐ Adultos: B/ 22
☐ Estudiantes y menores de 18 años: B/ 11
- Horario:
☐ lunes a viernes de 9:00 a 15:00hs
☐ sábado y domingo de 10:00 a 17:00hs
☐ martes: cerrado

Cinta Costera

La Cinta Costera de la ciudad de Panamá es un sitio para disfrutar el verde de sus áreas mientras se encuentra dentro de la urbe. Tiene más de 35 hectáreas de las cuales 16 son enteramente dedicadas a áreas verdes. Comunica, bordeando la Bahía de Panamá, Punta Paitilla en el sector moderno con el Casco Antiguo, la parte colonial de la ciudad.

Inspirada en el "Aterro do Flamengo", en Río de Janeiro, Brasil, cuenta con amplias áreas verdes, árboles, plantas tropicales y flores que adornan los hermosos y cuidados jardines, además de áreas recreativas y de entretenimiento para todas las edades y zonas de servicios.

Canal de Panamá

El Canal de Panamá es un canal de navegación, ubicado en Panamá, en el punto más angosto del istmo de Panamá, entre el Mar Caribe y el Océano Pacífico.

Inaugurado el 15 de agosto de 1914, ha tenido un efecto de amplias proporciones al acortar la distancia y tiempos de comunicación marítima, produciendo adelantos económicos y comerciales durante casi todo el siglo XX.

Proporciona una vía de tránsito corta y relativamente barata entre estos dos grandes océanos, ha influido sobre los patrones del comercio mundial, ha impulsado el crecimiento en los países desarrollados y les ha dado a muchas áreas remotas del mundo el impulso básico que necesitan para su expansión económica.

Centro de Visitantes de Miraflores
Ubicado en el lado este de las esclusas de Miraflores, es el lugar ideal para observar las operaciones del Canal. Posee grandes balcones desde donde los visitantes pueden apreciar cuando se abren y cierran las compuertas de las esclusas permitiendo a los buques su tránsito por el Canal.

Museo del Canal Interoceánico
El Museo del Canal Interoceánico de Panamá, popularmente conocido como Museo del Canal, es un museo de carácter público, dedicado a conservar, investigar y difundir los testimonios de la historia del Canal de Panamá. El museo cuenta con diez salas de exhibiciones permanentes donde se exponen los hechos de la historia de la ruta interoceánica a través del istmo y la construcción del Canal de Panamá. Se presenta también la evolución de las actividades canaleras y el paso de este a manos panameñas, en virtud del

cumplimiento de los Tratados Torrijos-Carter. Además, el museo se destaca por albergar una gran cantidad de exposiciones temporales todos los años, enmarcadas en disímiles temas en el ámbito de la cultura, arquitectura, historia y conservación ambiental.

Datos útiles:
- Localización: Calle 5a Este - Panamá
- Entrada:
☐ Adultos: B/ 2
☐ Niños de 4 a 12 años: B/ 0.75
- Horario: Martes a Domingo de 9:00 a 17:00hs

Bebidas

Café Geisha

El café de Panamá ha obtenido un merecido reconocimiento a nivel internacional en los últimos años, al grado de que hoy es considerado como uno de los mejores del mundo. Existe una variedad conocida como Geisha, originaria de Etiopía, que encontró en las tierras altas de este país, el suelo y el clima apto para convertirse en el mejor café del mundo. Compradores internacionales vienen todos los años a degustar y pagan cientos de dólares por una libra de este singular brebaje, orgullo de los caficultores nacionales.

Raspao Panameño

Una bebida refrescante y muy típica de Panamá es el *raspao* de venta ambulante. Se trata de hielo triturado al que le echan el sabor de tu antojo, ya sea fresa, uva, naranja, limón y hasta maracuyá, con un toque final de leche condensada y miel de caña. Es la bebida ideal para ese momento del día que hace mucho calor.

Algunos de los puntos donde los turistas acostumbran a refrescarse con un raspao son en el Casco Antiguo, Cinta Costera, La Calzada de Amador y los distintos parques de la ciudad.

Artesanías

Las artesanías típicas de Panamá pueden dividirse en las precolombinas o prehispánicas y las introducidas por los conquistadores españoles.

Si deseas adquirir réplicas de joyas de los aborígenes presentes en el istmo antes de la presencia europea, podes dirigirte a Reprosa en el Casco Antiguo, o en Avenida Samuel Lewis en Obarrio, en el centro de la ciudad. Además, tienen un taller donde confeccionan las joyas que puede ser visitado por los turistas, ubicado en la sección industrial de Costa del Este.

El Figali Convention Center en la entrada de la Calzada de Amador puedes adquirir artesanías confeccionadas por los diferentes grupos aborígenes del país como la "Molas" de los Guna, figuras talladas en "Tagua" conocido como marfil vegetal o en madera de "Cocobolo", así como y las hermosas canastas de fibra y tintes naturales de los Emberá Wounaan, y por último; "Chaquiras" (collares) y "Chácaras" (bolsas) de fibra natural hechas por los Näbe-Buglé. Pero aparte, puede adquirir artesanías que tienen su origen de la presencia española como el "Sombreo Pintado", el vestido típico de la mujer "La Pollera" y hasta el famoso "Panama Hat". También hay varios puestos de artesanía en la Isla Perico de la Calzada de Amador y en el Casco Antiguo, la Peatonal y en las cercanías de la Plaza 5 de Mayo.

Cómo moverse

El principal medio de transporte para los lugareños son los autobuses, a los que llaman Diablos Rojos. No son caros, pero se llenan de gente y es un poco difícil tomarlos. La otra opción son los taxis, éstos son mucho más seguros, por supuesto más caros, pero al mismo tiempo más cómodos. Eso sí debes tener en cuenta que los taxis no son de uso individual, sino que el taxista puede recoger a más personas si es que éstas van al mismo lugar. Te recomendamos, pedir los taxis desde el hotel.

Clima

Todo el año es propicio para visitar Panamá, ya que el clima caluroso (entre los 26°C y los 35°C) es constante y permite realizar todas las actividades, desde ir a las playas, observar las aves, ir de compras, pasar unos días en las montañas y convivir con las etnias.

Se puede viajar a Panamá en cualquier época del año, pero se recomienda visitarla entre los meses de diciembre a marzo que se le conoce como la estación seca. Los siguientes meses son de lluvia intermitente siendo este la temporada de humedad, el mes octubre y noviembre son los más lluviosos.

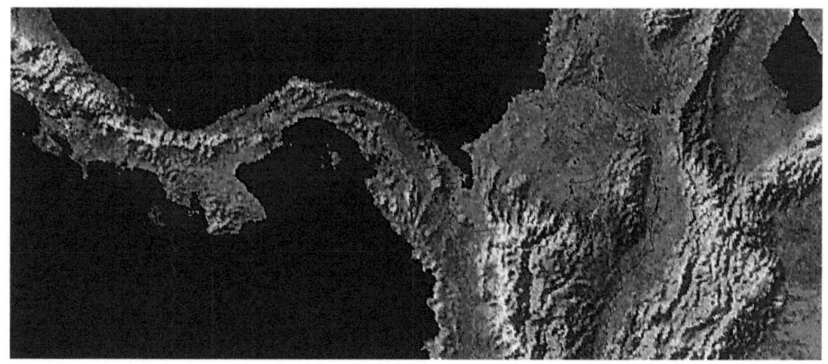

1 PANAMÁ

Panamá (república) (nombre oficial, República de Panamá), país centroamericano situado en el istmo que une América del Sur con América Central. Limita al norte con el mar Caribe, al este con Colombia, al sur con el océano Pacífico y al oeste con Costa Rica. La superficie total de la República es de 75.517 km², incluidas la región del canal de Panamá y sus numerosas islas, como Coiba, Jicarón, Cébaco o las del archipiélago de las Perlas, entre otras. Su capital es la ciudad de Panamá.

2 TERRITORIO Y RECURSOS

El país se encuentra dividido por el canal de Panamá y presenta una figura alargada. Tiene una considerable longitud de costas, que suman en total 2.988 km, de los cuales 1.700 km corresponden al océano Pacífico y 1.287 km al mar Caribe, brazo del océano Atlántico.

2.1 Relieve e hidrografía

Los sistemas montañosos atraviesan todo el país. La serranía de Tabasará, prolongación de la cordillera costarricense de Talamanca, penetra en Panamá por el oeste y tiene una elevación media de 1.525 m. En la parte oriental, la cordillera de San Blas y su continuación, la serranía del Darién, ya en el límite fronterizo con Colombia, conforman una cadena montañosa más baja, con un promedio de 915 m de altitud. El pico más alto de Panamá es el volcán Barú, que alcanza los 3.475 metros. Otras cumbres destacadas son el cerro Santiago (2.826 m) y el cerro de Hornito (2.238 m).

La región entre ambos sistemas montañosos está formada por colinas, con altitudes que oscilan entre los 90 y los 460 m, por valles fértiles y bien drenados, y por llanuras. La región está densamente cubierta de bosques y matorrales, y hay algunos pliegues, crestas y mesetas altas, aunque bastante dispersas.

Las dos cadenas de montañas favorecen el curso de unos 400 ríos y corrientes que se agrupan en 52 cuencas fluviales. El río más importante por su extensión es el Tuira, con su afluente el río Chucunaque, que fluye hacia el golfo de San Miguel, en la costa del océano Pacífico. Otros cursos fluviales destacados son: el río Bayano, el Santa María y el río Chagres, que nace en el centro de Panamá y es represado como lago artificial en Gatún. Entre las lagunas costeras sobresale la de Chiriquí.

Ambas costas panameñas tienen numerosas lagunas, bahías y golfos. El golfo del Darién está situado en el Pacífico y en él se ubica el archipiélago de las Perlas, formado por 39 islas y más de 100 pequeños islotes con una superficie total de unos 600 kilómetros cuadrados.

2.2 Clima

Por su posición geográfica, el istmo panameño se sitúa en bajas latitudes, en una región de clima tropical. La temperatura media anual oscila entre los 23 y los 27 °C en las áreas costeras; en el interior, a mayor altitud, desciende hasta los 19 °C. Existen dos estaciones bien diferenciadas de regímenes pluviométricos: la lluviosa y la seca. La primera es más extensa, abarcando desde fines de abril hasta noviembre. En la costa del Caribe las precipitaciones anuales alcanzan los 3.500 mm; en el litoral del Pacífico, los 1.600 mm aproximadamente. Durante la estación seca, la denominada 'verano', los agradables vientos alisios soplan permanentemente.

2.3. Recursos naturales

Panamá está explotando con lentitud sus recursos naturales, que son básicamente agrícolas. Los ricos bosques tropicales no han sido explotados de forma extensiva y su subsuelo contiene algunos depósitos de manganeso, oro, plata y cobre, aunque solo se obtienen cantidades significativas de cal y sal.

La vegetación de Panamá varía de acuerdo con las precipitaciones. La zona caribeña y el oriente del país están cubiertos por selva tropical en la que crecen de manera exuberante juncos, epifitos y una amplia variedad de pastizales, además de jacarandá, cedro, ciprés, ceiba, roble, tirrá y palo Brasil, entre otros.

Debido a su clima más seco, la vertiente del istmo en el Pacífico está cubierta por árboles caducifolios relativamente dispersos y por sabana. En Panamá florecen más de 2.000 variedades de plantas tropicales. La superficie boscosa ha descendido en las últimas décadas: en 1950 había 52.445 km^2 y en el año 2000 eran 33.646 km^2.

La fauna se caracteriza por la presencia de especies originarias de América del Sur; destacan los armadillos, ocelotes, jaguares, tapires, osos hormigueros, distintas variedades de monos (Tití, Aullador y Araña), perezosos y venados. Los reptiles están representados por iguanas, tortugas, caimanes y una gran variedad de víboras y serpientes. Existe un total de 226 especies conocidas.

Abundan las aves tropicales de vivo colorido, como pavos reales, guacamayos, loros y cotorritas, así como las aves migratorias que proceden de Norteamérica. En el océano Pacífico podemos encontrar delfines, tiburones, mantas, jureles y atunes, entre otras especies de peces.

2.5 Temas medioambientales

Panamá tiene una población relativamente pequeña, que crece a un ritmo administrable. Los problemas medioambientales urbanos se limitan a la ciudad de Panamá. El acceso al agua potable es total en las ciudades y aceptable en las zonas rurales. A pesar de su tamaño relativamente pequeño la biodiversidad de Panamá es notable debido a sus bosques tropicales y a su posición como puente terrestre entre Centroamérica y América del Sur. Se conocen unas 9.000 plantas vasculares y 218 especies de mamíferos, 732 de aves, 226 de reptiles, y 164 de anfibios. En 2004 había un total de 310 especies en peligro de extinción. Las amplias costas y ecosistemas marinos de Panamá incluyen frágiles complejos de arrecifes a lo largo de la costa del Caribe. Su bosque húmedo de mangle, a pesar de ser el más grande de Centroamérica, es un ecosistema en peligro de extinción. La zona florística húmeda de las tierras bajas también se encuentra amenazada de desaparición.

Las áreas naturales protegidas de Panamá incluyen parques nacionales, refugios para la vida salvaje y monumentos naturales que abarcan el 24,5% del territorio. Algunos de los parques nacionales son Cerro Hoya, Camino de Cruces, Santa Fe, Coiba, Isla Bastimentos, Volcán Barú y Selva del Darién; hay varias reservas, como las de Cerro Guacamaya y Altos de Campana, y humedales de la Convención de Ramsar, como Golfo de Montijo y San San Pond Sak. El Parque nacional del Darién ha sido designado Patrimonio de la Humanidad además de Reserva de la Biosfera bajo el programa El Hombre y la Biosfera de la UNESCO (Organización para la Educación, la Ciencia y la Cultura de las Naciones Unidas).

El ecoturismo, que goza de poco desarrollo, representa un importante potencial para el desarrollo económico local y nacional. Los bosques cubren un 56,9% (2015) del país. La deforestación avanza a un ritmo del 0,12% (1990–2015) anual. Las principales amenazas medioambientales son la deforestación ilegal, la caza furtiva de vida salvaje, los incendios destructivos, la agricultura intrusiva en zonas protegidas, el abuso de la tierra y la contaminación por las extracciones de minerales, especialmente las explotaciones petrolíferas.

Panamá forma parte de acuerdos medioambientales internacionales relativos a biodiversidad, cambio climático, especies en peligro de extinción, residuos peligrosos, vertidos de residuos al mar, prohibición de realizar ensayos nucleares, capa de ozono, contaminación naval, madera tropical, humedales, desertización, leyes del mar, vida marina y madera tropical. Panamá participa en la Comisión Centroamericana de Ambiente y Desarrollo (CCAD). El Parque internacional La Amistad, que es un importante espacio natural transfronterizo compartido con Costa Rica, protege vastas extensiones de bosque virgen; en el año 2000 fue nombrado Reserva de la Biosfera.

PARQUE NACIONAL DEL DARIÉN

La Provincia de Darién es la de mayor extensión y la menos poblada de todo el país. Su capital es La Palma. A través de ella se originó la conquista y colonización del territorio panameño. La histórica ciudad de Santa María la Antigua del Darién fue el primer municipio de todo el continente americano.

Es una de las regiones más diversa desde el punto de vista ecológico, de todo el planeta. Su selva fue declarada Reserva de la Biosfera y Parque Nacional. Este es el parque más grande de Panamá y el segundo en extensión de Centroamérica. Darién es el único punto de América, donde la Carretera Panamericana está interrumpida.

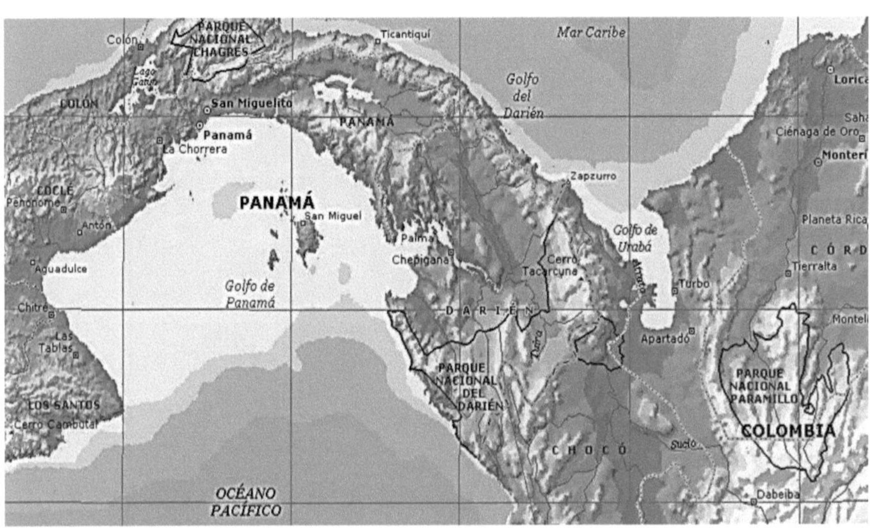

El Parque Nacional del Darién, área natural protegida situada en la provincia de Darién, en el extremo suroriental de Panamá, y abierta hacia el golfo de Panamá. Por el este y el sur los límites del parque coinciden con los de la frontera con el departamento colombiano de Chocó, que se adentra hacia el norte hasta alcanzar el golfo del Darién, uno de los principales entrantes del mar Caribe. Fue creado en 1980 y se extiende desde la serranía del Darién que le da nombre hasta el litoral del océano Pacífico, donde se alzan la serranía del Sapo y la cordillera de Juradó, por lo que, además de playas y áreas de manglares, el parque también dispone de parajes accidentados y boscosos, con un clima tropical muy húmedo en el que las precipitaciones suelen ser superiores a los 4.000 mm anuales. Posee una superficie total de 597.000 ha, lo que le convierte en el parque nacional más extenso del país (representa el 8% de la superficie total de Panamá) y uno de los principales de Centroamérica. Entre las principales especies animales que tienen cabida en el parque destacan el jaguar, el ocelote, el mono araña capipardo, el tapir norteño y múltiples aves. En 1981 fue declarado Patrimonio de la Humanidad y en 1983 fue reconocido como Reserva de la Biosfera por la UNESCO.

Al llegar, un guía nos contó todo sobre la historia del área y su riqueza natural, para luego realizar una caminata de aproximadamente dos horas a través del bosque tropical. ¡La experiencia es inigualable! Con cientos de especies de aves, mariposas y árboles, recorrer alguno de los senderos de la selva es, sin duda, una inmersión en la belleza natural. Con algo de suerte, podrás ver a los monos aulladores –o al menos escucharlos-; a los coloridos tucanes y a las inmensas colonias de hormigas.

Cómo llegar

La Parque Nacional del Darién está ubicado a cuatro horas desde la capital. Para llegar al lugar, tomamos la carretera Panamericana. El trayecto es de 234 kilómetros desde el centro de la ciudad. Para visitar tuvimos que hacer antes una reservación.

El bosque lluvioso tropical fue inicialmente descrito por Alejandro de Humboldt, naturalista alemán que los estudió en la cuenca del río Amazonas, quien lo llamó *Hylaea*, que significa bosque en griego.

Los bosques tropicales son aquellos que crecen entre el Trópico de Cáncer y el Trópico de Capricornio. Se encuentran en áreas tropicales cálidas donde la precipitación pluvial excede los 2 000mm al año y está distribuida durante todo el año. Las temperaturas fluctúan más entre la noche y el día que entre las estaciones a lo largo del año.

Los bosques lluviosos proveen el hábitat para una gran cantidad de animales y plantas, son la morada de las dos terceras partes del total de especies zoológicas y botánicas que existen en sobre la Tierra.

Los bosques tropicales de Mesoamérica antes se extendieron desde Veracruz, México hasta el Darién, en el oriente de Panamá. Hoy en día quedan solamente tres bloques de ese gran bosque selvático. El primer bloque, cerca de 40 000 km^2 en el Departamento del Petén en Guatemala; el bosque lluvioso al sur de Belice y la selva Lacandona en Chiapas, México. El segundo bloque de aproximadamente 46 000 km^2 a lo largo de costa de Mosquito al este de Honduras y Nicaragua, y el tercer bloque, cerca de 21 000 km^2 en el Darién, provincia al sur de Panamá.

Muchos árboles de la selva poseen contrafuertes, y por ello ha habido muchos debates acerca de su función y por qué algunos árboles tropicales tienen y otros no.

La principal función es proporcionar apoyo y estabilidad al árbol. Los árboles con contrafuertes o botarel se encuentran comúnmente en zonas húmedas y afectadas por fuertes vientos. La forma más común es el tronco llamado "contrafuerte de tablón". Por ejemplo el cedro y la caoba.

Las raíces también pueden ser estructuras de apoyo. Estas son las raíces en forma de zanco. Las raíces zancudas crecen por encima del suelo. Comúnmente se ven en los mangles y el guarumo o yagruma.

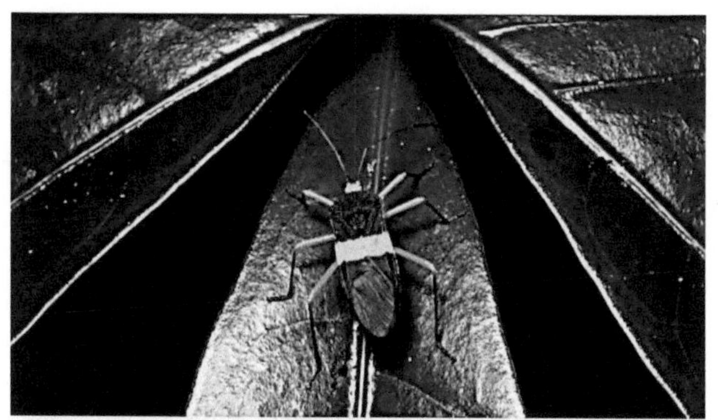

En la selva, largos senderos son atravesados por legiones de hormigas del género *Atta*, quienes viajan para hacer sus "ciudades" bajo tierra llevando pedacitos de hojas frescas.

Sus caminos o senderos, conducen a árboles, arbustos y enredaderas. Existen más de cinco millones de colonias de estos insectos bajo tierra de un solo bosque lluvioso tropical.

A pesar de que las bibijaguas, cortan las hojas de las plantas nunca las consumen, solo las cortan, y llevan los fragmentos a sus colonias. Ellas utilizan las hojas para crear el medio de cultivo adecuado para cultivar los hongos de los que se alimentan.

Las hojas llevadas a la colonia son puestas en pedazos y masticadas, dando por resultado una pulpa suave. Antes de poner esa masa pulposa en la cama de los hongos, las hormigas levantan el abdomen y excreta un líquido en ella.

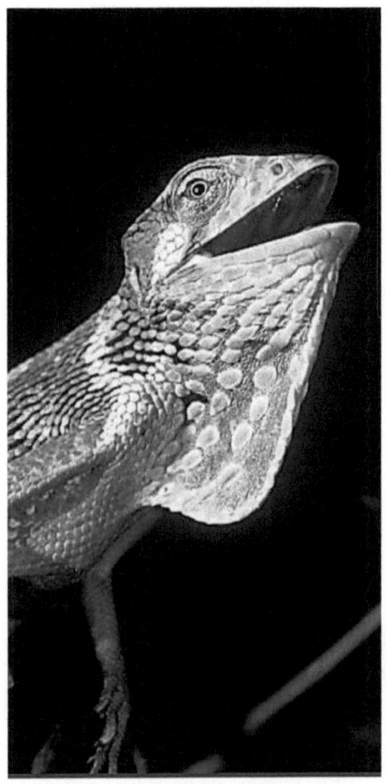

Una meca para los biólogos tropicales, Parque Nacional del Darién y ofrece fácil acceso al bosque tropical de tierras bajas en Panamá Oriental. Colaboraciones entre los más de 400 estudiantes y expertos que la visitan cada año generan proyectos de investigación que ayudan a entender uno de los ecosistemas terrestres más complejos del mundo.

Agave   Tillandsia flabellata   Anthurium

Delfín   Jaguar   Cebus capucinus

Iguana   Boa constrictor   Caretta caretta

Tucán   Ara ambigua   Harpia harpyja

En el Parque Nacional del Darién se estudia de todo, desde los rayos que caen sobre árboles muy altos hasta los microbios y combinaciones químicas que generan la increíble diversidad vegetal y animal. Casi 100 años de datos climáticos, cuatro décadas de monitoreo ambiental y el establecimiento en 1980 de la primera parcela a gran escala para el monitoreo a largo plazo de bosques tropicales, proveen herramientas cruciales para entender cómo los bosques tropicales y sus habitantes cambian con el tiempo.

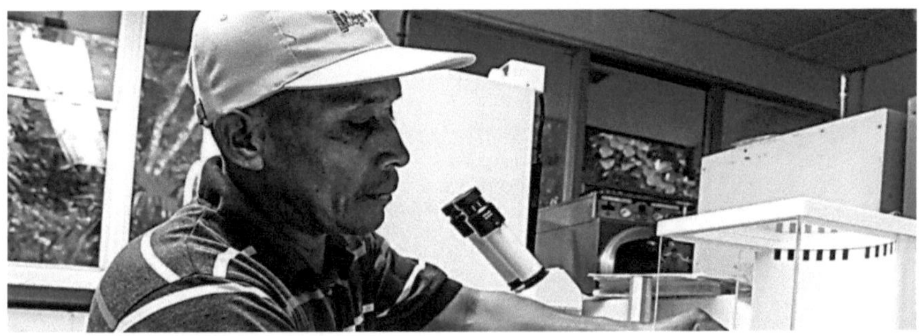

Muchos organismos pueden tener adaptaciones parecidas. Por ejemplo, las zarigüeyas, así como los monos arañas; poseen cola prensil. Esta estructura funciona efectivamente como una quinta mano, dando movilidad y seguridad al animal que se traslada entre los árboles, es fácil comprobar que la cola prensil es una adaptación estructural. Los monos sin este tipo de cola, tendrían un período de vida más corto y de menor éxito reproductivo, debido a que constantemente correrían el riesgo de caer de los árboles.

Los monos, además, tienen una excelente vista estereoscópica, debido a que sus ojos les permiten calcular distancias precisas, como lo hacen al saltar de una rama a otra.

En la selva, muchos animales poseen coloración críptica o cripsis, que es el camuflaje de la naturaleza. Esta funciona para faciltar el ocultamiento de los depredadores. Los felinos tropicales como el jaguar con sus manchas muestran ejemplos de coloración críptica. Los patrones de su piel cuando son observados en áreas de sombra o en el interior del bosque, estas manchas tienden a romper el patron de forma del animal y así son menos visibles. Los felinos son todos depredadores, por lo que la coloración críptica es una ventaja pues les ayuda a acercarse a la presa sin que esta se de cuenta.

Uno de los géneros más conspicuous de los árboles selváticos, es la cecropia, guarumo o yagruma. Muchas especies son abundantes y por lo general se encuentran como especies pioneras en los claros de la jungla o en áreas de crecimiento del bosque lluvioso secundario.

Estudios realizados han revelado que las semillas de yagruma quedan latentes en el suelo por lo menos dos años para germinar hasta que aparece un claro en la floresta.

La yagruma tiene tallos huecos que puden ser una adaptación a su rápido crecimiento en respuesta a la competencia por la luz, lo que permite al árbol desarrollar energía para crecer alto. La yagruma tiene sexos separados, árbol macho y árbol hembra.

Un solo árbol puede producir 90 000 semillas que pudieran transformarse en futuros árboles. Se ha demostrado que son el alimento de 48 especies de animales de la jungla, incluyendo hormigas, iguanas, aves y mamíferos. Un total de 33 especies de aves de 10 familias diferentes se alimentan de las flores o sus frutos.

BIBLIOGRAFÍA

Calvo, L. 1993. *Maravillas del bosque tropical.* Editorial Van Color. Ciudad de Guatemala, 74 pp.

Hernández-Muñoz, A. 2013. *Bosques neotropicales y fauna salvaje.* Lulu Press Inc. Los Ángeles, 123 pp.

Newman, A. 1990. *Tropical Rainforest.* Facts on file. New York, 256 pp.

Panamá Flier. 2024. *Panamá Welcome.* No. 36, Año 14. 22-23 p.

STRI. 2024. *Smithsonian Tropical Research Institute.* STRI conducts all its activities in the Republic of Panama, and other nations where it operates, in compliance with applicable laws and regulations. This includes all scientific research conducted by those officially associated with this Institute.

www. Wikipedia.com

Índice

I want morebooks!

Buy your books fast and straightforward online - at one of world's fastest growing online book stores! Environmentally sound due to Print-on-Demand technologies.

Buy your books online at
www.morebooks.shop

¡Compre sus libros rápido y directo en internet, en una de las librerías en línea con mayor crecimiento en el mundo! Producción que protege el medio ambiente a través de las tecnologías de impresión bajo demanda.

Compre sus libros online en
www.morebooks.shop

info@omniscriptum.com
www.omniscriptum.com

Printed by Books on Demand GmbH, Norderstedt / Germany